中 華 教 育

基本法 小小通識讀本 1

鍾煜華 / 編著

序

基本法基金會總編輯　尹國華大律師

　　孩子是社會未來的棟樑，我們應該盡心盡責的培養。所謂十年樹木百年樹人，這是一個不能輕視的重擔。為了復興民族的宏圖，除了一般基礎知識外，社會大眾也必須教育孩子們正確的歷史觀與價值觀。而且，有目共睹的是香港過往的成功，除了中國人刻苦拚搏、堅毅靈活的特質外，更重要的就是擁有優良的法律制度與傳統；所以，向孩子灌輸正確的法制和法治概念，是教育他們的一個重要環節。

　　基本法是香港特區一切法律的淵源，要充分理解香港的法律制度與法治精神，不能脫離對基本法正確的認識。

　　然而要學習枯燥嚴肅的基本法並不是一件容易的事情，尤其是牽涉的絕大部分司法覆核案例也是艱深晦澀，法理概念極不容易掌握。可是本書卻能以輕鬆的手法，靈活而又生動的例子，而且還是以問答互動的形式，闡述法條的本質，對孩子能正確掌握基本法的立法意圖和精神，可說事半功倍。在坊間不多的同類書籍中，本書是甚為值得參考的兒童教育工具。

2020 年 11 月 16 日

目錄

第1章
基本法的產生

基本法 Q&A

1. 香港的全名是甚麼？

　　香港的全名是中華人民共和國香港特別行政區，英文名稱是 Hong Kong Special Administrative Region of the People's Republic of China，簡寫為 HKSAR。

思考小問題

除去香港以外，你還能列出中國的另一個省級特別行政區嗎？你知道它的由來嗎？

法律知識一起學

香港特別行政區的由來

我們生活的香港特別行政區，是一個經歷了近現代歷史風風雨雨的城市。《中華人民共和國香港特別行政區基本法》序言中提到：香港自古以來就是中國的領土，1840 年鴉片戰爭以後，被英國佔領。1984 年 12 月 19 日，中英兩國政府簽署《中英聯合聲明》（全稱為《中華人民共和國政府和大不列顛及北愛爾蘭聯合王國政府關於香港問題的聯合聲明》（英語：Joint Declaration of the Government of the United Kingdom of Great Britain and Northern Ireland and the Government of the People's Republic of China on the Question of Hong Kong），確認中華人民共和國政府於 1997 年 7 月 1 日恢復對香港行使主權。香港回歸，是中國洗刷歷史恥辱，邁向完全統一和復興的重要一步，無論對全中國的人民，還是回到祖國懷抱的香港人都非常重要。

為了維護國家的統一和領土完整，保持香港的繁榮和穩定，並考慮到香港的歷史和現實情況，國家決定，在對香港恢復行使主權時，根據中華人民共和國憲法第 31 條的規定，設立香港特別行政區，並按照「一個國家，兩種制度」的方針，不在香港實行社會主義的制度和政策。國家對香港的基本方針政策，已由中國政府在《中英聯合聲明》中予以闡明。

基本法 Q&A

2. 甚麼是基本法？它是甚麼時候頒佈的？

　　基本法全稱《中華人民共和國香港特別行政區基本法》，是香港特別行政區的憲制文件。香港回歸前，於 1985 年成立了由香港本地人組成的基本法諮詢委員會，負責在香港徵詢公眾對基本法草案的意見。經過 1988 年和 1989 年兩次草案公佈與諮詢，1990 年 4 月 4 日，基本法得到全國人大通過，正式頒佈。自 1997 年 7 月 1 日起，它在香港特別行政區正式施行，取代了回歸前《英皇制誥》及《皇室訓令》的地位。

思考小問題

小朋友們可以從甚麼地方讀到，以及了解到基本法的內容呢？

法律知識一起學

基本法的地位與內容

學校會有一本《學生手冊》告訴你規章制度，在學校可以做甚麼，不可以做甚麼。只有大家都按照規定來做事，學校的運轉才會正常，大家也可以安心地學習。對香港來說，基本法就是起到這種作用的最根本的法律。當然，基本法涵蓋的內容以及它的重要意義，要遠遠超過一本學生手冊對小學生的作用。《中華人民共和國香港特別行政區基本法》（以下簡稱「基本法」）是香港特別行政區的憲制性文件，它以法律的形式確定了「一國兩制」「港人治港」和高度自治等重要理念，同時還規定了香港特別行政區實行的各項制度 。[1]

基本法包括九個章節一百六十條條文的正文，此外還有三個附件：

附件一，訂明香港特別行政區行政長官的產生辦法；

附件二，訂明香港特別行政區立法會的產生辦法和表決
　　　　程序；

附件三，列明在香港特別行政區實施的全國性法律。[2]

1　香港特別行政區政府基本法介紹網頁：https://www.basiclaw.gov.hk/tc/facts/index.html
2　香港特別行政區政府基本法介紹網頁：https://www.basiclaw.gov.hk/tc/facts/index.html

基本法 Q&A

3. 基本法是誰起草的?

　　國家最高權力機關全國人民代表大會委任了基本法起草委員會,委員會的 59 名成員包括了香港和內地人士。草案經過兩次公佈和徵詢意見,才正式頒佈。

思考小問題

你能說出香港特別行政區的區旗與區徽圖案嗎?可以和同學們合作,將它們繪製出來嗎?

法律知識一起學

基本法的起草、修訂與解釋

　　1985 年成立的基本法諮詢委員會，180 名成員全屬香港人士，負責徵求香港公眾對基本法草案的意見。1990 年 4 月 4 日，基本法連同香港特別行政區區旗和區徽圖案由全國人民代表大會正式頒佈。所以說，基本法是內地與香港人士，政府與各界普通市民羣策羣力的成果。

　　基本法第 158 條規定，基本法的解釋權屬於全國人民代表大會常務委員會。而根據基本法的第 159 條規定，基本法的修改權屬於全國人民代表大會。任何對這部法律的修改，都不可以抵觸中華人民共和國對香港既定的基本方針政策。[1]

1　香港特別行政區政府基本法介紹網頁：https://www.basiclaw.gov.hk/tc/facts/index.html

思考小問題答案

P.5

除去香港以外，你還能列出中國的另一個省級特別行政區嗎？你知道它的由來嗎？

答案：

澳門特別行政區。它在明朝中期（1557 年）開始租借予葡萄牙人，但明朝政府依然管理澳門。1849 年，葡萄牙停止向清政府交地租並佔領關閘；1887 年，葡萄牙與清政府簽訂《中葡和好通商條約》，令澳門開始受葡萄牙殖民統治。1987 年，葡中兩國簽署《中葡聯合聲明》，葡萄牙根據聲明於 1999 年 12 月 20 日歸還澳門予中國。中國對澳門恢復行使主權後，實行「一國兩制」「澳人治澳」、高度自治。

P.7

小朋友們可以從甚麼地方讀到，以及了解到基本法的內容呢？

答案：

現在，小朋友們可以通過瀏覽政府官方網頁來了解基本法大致的內容。學校圖書館以及香港各個公共圖書館，亦有基本法相關的館藏資料可供借閱。坊間亦有不少面向少年兒童，內容簡明易懂的基本法通識類讀物，如果有不明白的地方，都可以去請教家長、老師，以及專業人士！

P.9

你能說出香港特別行政區的區旗與區徽圖案嗎？可以和同學們合作，將它們繪製出來嗎？

答案：

香港特別行政區的區旗，也被大家稱為「紫荊花旗」。它底色是紅色的，中央有一朵五個花瓣的白色洋紫荊圖案，每片花瓣上都有一顆紅色五角星，以及一條紅色花蕊。

區徽是圓形的，分為內外兩部分。內圈紅底上的洋紫荊花和區旗是一樣的。外圈白底紅字，紅線為邊緣。外圈上半部以繁體中文寫着「中華人民共和國香港特別行政區」，下半部是「香港」的英文「HONG KONG」。[1]

1　國旗、國徽、區旗、區徽介紹，見香港特別行政區政府官方網頁：https://web.archive.org/web/20060422224617/http://www.protocol.gov.hk/flags/chi/intro/index.html

第2章

香港特別行政區與中央的關係

基本法 Q&A

1.「一國兩制」是甚麼意思？

「一國兩制」即是「一個國家，兩種制度」，它指的是在一個中國的前提下，中國內地實行社會主義制度，而香港、澳門、台灣地區則長期保留原有的資本主義制度和生活方式。香港除國防和外交事務外，可以享有在其他事務上的高度自治權及以「中國香港」的名義參與國際事務等的權力。

思考小問題

（1）「一國兩制」的架構下，香港特別行政區與中央的關係是？

　　A. 香港實行資本主義，和實行社會主義的中國內地是完全平行的狀態，兩者互不干涉。

　　B. 在一個中國的前提下，香港作為中央政府管理下的一個特別行政區保留資本主義制度，實行高度自治。

　　C. 香港特別行政區的一切事務，全部都由中央政府直接管理。

　　D. 香港特別行政區除承認主權屬於中國外，其他方面完全自治。

（2）在「一國兩制」的框架下，以下哪一項不是高度自治的香港所擁有的權力？

　　A. 司法權

　　B. 立法權

　　C. 外交權

　　D. 行政管理權

法律知識一起學

說說「一國兩制」

為甚麼回歸之後，要實行「一國兩制」，保持香港和澳門的資本主義制度呢？這是因為港澳和內地脣齒相依，相輔相成。尤其是作為世界金融中心的香港，它可以吸引世界上的資金技術，同時也為世界各國進入內地龐大市場與獲得大量合作機會提供橋樑。保留香港的資本主義制度，一方面是為了穩定和發展經濟，另一方面是在回歸之後的前幾十年內實現平穩過渡，不讓市民因為社會制度的改變而產生不安和不習慣的情緒。

自香港和澳門分別於 1997 年和 1999 年回歸以來，在「一國兩制」「港人治港」、高度自治及「澳人治澳」、高度自治的方針指引下，兩地二十餘年來得到了長足的發展，保持了國際都市與世界 / 區域性經濟中心的地位。

思考小問題

實行「一國兩制」對香港的好處包括以下哪些？

A. 維護社會穩定，促進人民團結。

B. 令香港繼續保持國際金融貿易中心的地位。

C. 促進內地和香港相輔相成，共同發展。

D. 方便更多外國人不需要護照和居留手續就在香港居住。

基本法 Q&A

2. 香港回歸之後，香港市民的經濟社會制度、風俗習慣、工作娛樂、語言宗教，都必須變得和內地一樣嗎？

不會，上述方面不會因為香港回歸受到影響。

思考小問題

香港回歸以後，以下哪些社會經濟文化活動依然保持不變？

A. 市民買賣股票與債券

B. 市民交易或者出租回歸前購置的產業

C. 市民出國遊玩，在香港購買外國商品

D. 市民們去教堂做禮拜

法律知識一起學

香港回歸以後的變化與「不變」

在香港回歸以前，有不少香港市民擔憂，他們不能適應香港回歸祖國以後產生的社會制度劇烈變化，因此出現了一部分人移民海外的現象。但是，回歸二十多年以後，大家漸漸發現，顧慮中的情景沒有發生，香港依然是繁榮穩定的東方之珠。

簡單地說，根據基本法的規定，回歸前香港市民在香港這個國際金融都會參與的社會經濟活動，以及風俗習慣、工作娛樂、語言宗教等生活各個方面，回歸之後不會改變。回歸前港人在香港的私有財產，也不會因為中國恢復對香港行使主權而受影響。

　　另外，基本法總則第 8 條還規定，香港原有的法律，除抵觸基本法或經香港特別行政區的立法機關作出修改者外，都予以保留。回歸以來，香港的法律除了最根本的基本法以外，過去英治時期的法律大多都保留了下來。只有《英皇制誥》（Hong Kong Letters Patent，俗稱「香港憲章」）、《皇室訓令》（Hong Kong Royal Instructions）這類殖民統治時期的憲制性法律文件，因不符合基本法和香港特別行政區的現狀，於回歸之後就失去了法律效力，成為只是展現香港過去的歷史文件。

　　上述的內容，都體現出「一國兩制」「港人治港」，高度自治的原則。

基本法 Q&A

3. 你知道現在的港幣有幾種類型嗎?

現在我們使用的港幣有硬幣和紙幣兩種。硬幣包括了一毫、二毫、五毫、一元、二元、五元、十元,硬幣正面有洋紫荊圖案和「香港」「HONG KONG」中英文字樣;背面則有硬幣面值和發行年份。紙幣有十元、二十元、五十元、一百元、五百元、一千元的鈔票,每種的顏色和圖案都不同。

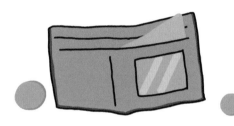

思考小問題

(1) 以下哪一項屬於香港特區政府的財稅收入?

　　A. 香港土地交易收入

　　B. 各類罰金

　　C. 印花稅

　　D. 居民薪俸稅

　　E. 以上皆是

(2) 你能夠說出不同面值港幣鈔票的顏色和圖案嗎?可以和同學們比賽誰記得更多更清楚。

法律知識一起學

香港特別行政區擁有的高度自治權

　　基本法總則第 2 條規定，全國人民代表大會授權香港特別行政區享有行政管理權、立法權、獨立的司法權和終審權。在經濟上，香港仍然可以自由兌換和流通港幣，港府可以授予銀行發行港幣的權力〔回歸後，香港上海滙豐銀行、渣打銀行（香港）和中國銀行（香港）是香港的三家發鈔銀行〕。另外，香港特別行政區政府在管理、使用、開發、出租，或者授權個人及機構使用開發境內土地和自然資源時，得到的收益也歸港府支配，香港的財稅收入也都會用於香港的發展與建設。

基本法 Q&A

4. 小明在路上被偷走錢包，他可以向駐港部隊求助嗎？

基本法規定，駐港部隊負責的是香港特別行政區的防務，而特區內部的社會治安則由香港特別行政區政府負責維護。因此小明丟了錢，應該去警署報案。

思考小問題

（1）駐港部隊擁有哪些軍種？

　　　A. 陸軍

　　　B. 海軍

　　　C. 空軍

　　　D. 以上皆有

（2）通常情況下，以下哪一項是駐港部隊的工作和任務？

　　　A. 維護香港城市治安

　　　B. 維護香港交通秩序

　　　C. 負責香港防務

　　　D. 組織童軍活動

法律知識一起學

駐港部隊

　　基本法規定，香港特別行政區政府負責維護特區內的社會治安，而中央人民政府則負責管理香港特別行政區的防務，並且負擔駐港部隊的駐軍費用。

　　中國人民解放軍駐香港部隊（People's Liberation Army Hong Kong Garrison），是中華人民共和國中央人民政府派駐香港特別行政區負責防務的國家武裝力量。它由中國人民解放軍陸軍、海軍和空軍部隊組成。1997 年 7 月 1 日零時，駐港部隊進駐香港，取代駐港英軍接管香港防務，這也是中國對港行使主權的一個體現。

　　駐港部隊平日並不干涉香港內部事務，只有在香港特別行政區政府向中央政府提出請求時，軍隊才會幫助維持治安或進行救災活動。但是，這並不意味着在香港的普羅大眾眼裏，駐港部隊是個「不見廬山真面目」的存在。回歸以來，駐港部隊多次組織軍營開放日活動，邀請市民進入營地參觀，還協辦了青少年夏令營，進行植樹、助老、獻血等公益活動。

基本法實地看：
昂船洲海軍基地

　　駐港部隊在港有多個駐地，位於九龍的昂船洲海軍基地就是其中之一。在回歸之前，當地曾是駐港英軍的皇家海軍軍港。1997 年 7 月 1 日香港回歸以後，該地交還給香港政府，經過整修成為中國人民解放軍駐港部隊海軍基地。

　　因為是軍事禁區，所以平時昂船洲基地是不對市民開放的，但是每年駐港部隊都會舉辦軍營開放日活動，在開放時段，香港市民可以憑票入內參觀，了解駐港部隊的軍事裝備，參觀昂船洲基地內的眾多歷史建築，提高國家認同感。2017 年 7 月 7 日至 11 日，為慶祝香港回歸二十週年，中國的第一艘航空母艦遼寧號訪問香港，停泊於昂船洲軍港。不少香港人前去觀看航母，甚至有幸運市民可以登艦參觀，這機會實在非常難得。

思考小問題答案

P.14

（1）「一國兩制」的架構下，香港特別行政區與中央的關係是？

（2）在「一國兩制」的框架下，以下哪一項不是高度自治的香港所擁有的權利？

答案：

（1）B.在一個中國的前提下，香港作為中央政府管理下的一個特別行政區保留資本主義制度，實行高度自治。

（2）C.外交權

P.15

實行「一國兩制」對香港的好處包括以下哪些？

答案：

A. 維護社會穩定，促進人民團結。

B. 令香港繼續保持國際金融貿易中心的地位。

C. 促進內地和香港相輔相成，共同發展。

P.16

香港回歸以後，以下哪些社會經濟文化活動依然保持不變？

答案：

A. 市民買賣股票與債券

B. 市民交易或者出租回歸前購置的產業

C. 市民出國遊玩，在香港購買外國商品

D. 市民們去教堂做禮拜

P.19

（1）以下哪一項屬於香港特區政府的財稅收入？

（2）你能夠說出不同面值港幣鈔票的顏色和圖案嗎？可以和同學們比賽誰

記得更多更清楚。

答案：

（1）E. 以上皆是

（2）集體討論，不設標準答案。

P.21

（1）駐港部隊擁有哪些軍種？

（2）通常情況下，以下哪一項是駐港部隊的工作和任務？

答案：

（1）D. 以上皆有

（2）C. 負責香港防務

第3章

香港居民的權利與義務

基本法 Q&A

1. 香港特別行政區的居民可以去國外遊覽、工作、學習和居住嗎?

可以。這是香港居民擁有的權利。

 思考小問題

請判斷以下人物的行為,是否屬於依照基本法合法行使香港居民的權利。

1. 甲借了乙的單車很久沒還,乙就翻牆進入甲居住的村屋,把單車騎了出來。

2. 小明的爸爸是香港大學的中文教授,他聯繫香港的出版社,出版了一本自己的研究專著。

3. 阿傑和阿欣正在交往,阿傑為了知道女朋友和誰在通信,截留拆閱了阿欣的信件。

4. 丙同學大學畢業以後,選擇出國繼續深造,然後再考慮就業。

法律知識一起學

香港居民的權利 1

基本法規定，香港居民除需承擔遵守香港特別行政區各項法律的義務外，還享有多種多樣的公民基本權利。基本法第三章第 31 條規定，香港居民享受在香港特別行政區內部自由遷移的自由。如果他們持有有效旅行證件，就可以自由出入中國內地，澳門與台灣地區，以及前往世界上其他國家和地區工作、遊覽、居住。

基本法 Q&A

2. 香港居民可以自由選擇職業嗎？可以舉辦文藝活動，去教會參加宗教儀式，或者發表學術作品嗎？

　　香港居民擁有自由選擇職業的權利，亦有參加上述活動的權利。

法律知識一起學

香港居民的權利 2

　　基本法第三章第 32 條、第 34 條賦予香港居民宗教信仰自由和進行學術研究、文藝創作與參加文化活動的自由。另外，香港居民在求職過程中，只要不違反法律，他做出的職業選擇，都會得到基本法第三章第 33 條的保護。

思考小問題答案

P.27

請判斷以下人物的行為，是否屬於依照基本法合法行使香港居民的權利。

1. 甲借了乙的單車很久沒還，乙就翻牆進入甲居住的村屋，把單車騎了出來。

2. 小明的爸爸是香港大學的中文教授，他聯繫香港的出版社，出版了一本自己的研究專著。

3. 阿傑和阿欣正在交往，阿傑為了知道女朋友和誰在通信，截留拆閱了阿欣的信件。

4. 丙同學大學畢業以後，選擇出國繼續深造，然後再考慮就業。

答案：

1. 否，基本法第三章第 29 條規定：香港居民的住宅和其他房屋不受侵犯。禁止任意或非法搜查、侵入居民的住宅和其他房屋。

2. 是，香港居民有出版自由和進行學術研究的自由。

3. 否，基本法第三章第 30 條規定：香港居民的通信自由和通信祕密受法律的保護。阿傑不是追查犯罪的警察，他的行為也不是法律機關合法的調查，不能侵犯阿欣的通訊自由和祕密。

4. 是，香港居民享有選擇職業的自由。

第4章

香港特別行政區的
政治制度（上）

基本法 Q&A

1. 香港特別行政區的首長是誰呢？

香港特別行政區的首長是香港特別行政區行政長官。

思考小問題

請選擇香港特別行政區行政長官的職權（可選多項）

A. 制定香港法律

B. 發佈行政命令

C. 代表香港特別行政區處理中央授權的對外事務

D. 終審案件

E. 徵收稅款

F. 簽署立法會通過的財政預算案

G. 依照法定程序任免各級法院法官

法律知識一起學

香港特別行政區行政長官

基本法第四章第一節第 43 條至第 45 條，規定了香港特別行政區行政長官的身份定位與產生辦法。香港特別行政區行政長官是香港特別行政區的首長，代表香港特別行政區，並且對中央人民政府和香港特別行政區負責。要成為行政長官，首先必須是在香港居住連續滿二十年，年滿四十週歲的中國籍香港永久公民，而且候選人不能擁有外國的居留權。根據基本法的附件一《香港特別行政區行政長官的產生辦法》，行政長官藉由選舉或協商產生，當選者需要得到中央人民政府的任命才能夠上任工作。香港特別行政區行政長官的職權，包括行政、財政、任免公職人員等諸多方面。

基本法 Q&A

2. 管理香港特別行政區各級學校教育、課程、教師培訓等事務的，是特區政府中的哪一個機構呢？

　　管理上述事務的政府機構是教育局，它是香港特別行政區政府的十三個決策局之一。

思考小問題

請將以下政府機構，分別歸類到政務、財政、律政三司所轄的機構當中：

A. 創新及科技局

B. 教育局

C. 律政司

D. 食物及衞生局

E. 發展局

F. 勞工及福利局

G. 選舉事務處

H. 旅遊事務署

I. 知識產權署

J. 香港海關

K. 康樂及文化事務署

法律知識一起學

香港特別行政區政府架構

基本法規定，香港特別行政區政府設立政務司、財政司、律政司和各局、處、署。其中與同學們息息相關、管理學校教育事務的教育局，屬於政務司管理的政府機關。

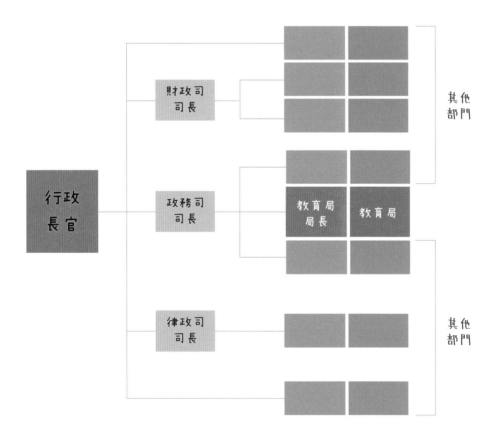

* 此為已簡化圖表

基本法實地看：添馬公園

　　新政府總部及立法會綜合大樓位於金鐘添馬道，附近有一座添馬公園，自 2011 年 10 月 10 日起對市民開放。為甚麼這個地方以及公園叫做「添馬」呢？原來這個地方在港英時期，是駐港英軍的英國海軍基地，而添馬艦（HMS Tamar）正是駐港英軍停泊在此的主力艦。二戰中駐港英軍在香港保衛戰撤退時，為了不讓日本侵略者得到艦船，將包括添馬艦在內的船隻炸沉。之後原來艦船停泊的海域填海造地進行開發，為了紀念這段歷史，便將該地命名為「添馬艦」。

　　添馬公園擁有美麗的大草坪，行人可以在綠地中行走，飽覽維港美景，還可以觀看公園內的藝術品，以及露天劇場中舉辦的活動與表演。遊人如果要前往中環碼頭和天星碼頭，穿過公園就是通向碼頭的海濱長廊。

基本法 Q&A

3. 香港特別行政區制定的政府財政預算案，首先需要在哪一個機構宣讀和表決呢？

　　每一個政府財政年度開始前，《香港政府財政預算案》需要由財政司司長在香港立法會宣讀，並且付諸表決；得到表決通過後，再由行政長官簽署、送交中央人民政府備案。

法律知識一起學

立法會可以做甚麼？

　　作為立法機構的立法會，依照《香港基本法》第 73 條的規定，有制定、修改、廢除法律，審核、通過政府財政預算，批准稅收與公共開支，監察政府工作等多項職能。

思考小問題

請判斷以下內容是否正確：

（1）立法會可以質詢政府的工作。

（2）立法會可以直接彈劾任免行政長官。

（3）行政長官對通過的法案有一票否決權。

（4）香港特區政府的稅收和公共開支需要得到立法會批准。

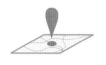

基本法實地看：
立法會綜合大樓

　　立法會綜合大樓位於港島中環立法會道 1 號。它的建築設計意在體現香港立法機關的獨立、特殊地位，並且能夠令人聯想到透明、莊嚴等與立法機構相關的正面詞彙。大樓內各個大堂及會議室的室內設計採用了天圓地方的概念，展現出中國文化的韻味。

　　為了符合環保和可持續發展的原則，立法會綜合大樓的設計，採用了許多環保的理念。比如會議廳的採光天井，有助於減少電燈的使用；大樓平台的大面積綠植可以減少日光熱量的吸收，水池設計可以吸收熱量，建築還加強了隔熱功能，從而降低空調降溫負荷和成本。

　　在立法會綜合大樓內，還展示有許多美術作品，代表了香港目前的藝術水平與多元特質，從藝術的角度體現出香港這個國際大都市的風貌。

　　更多相關信息，可以參考香港特別行政區立法會的官方網站：

　　https://www.legco.gov.hk/general/chinese/visiting/complex.html

思考小問題答案

P.33

請選擇香港特別行政區行政長官的職權（可選多項）：

A. 制定香港法律

B. 發佈行政命令

C. 代表香港特別行政區處理中央授權的對外事務

D. 終審案件

E. 徵收稅款

F. 簽署立法會通過的財政預算案

G. 依照法定程序任免各級法院法官

答案：

B. 發佈行政命令

C. 代表香港特別行政區處理中央授權的對外事務

F. 簽署立法會通過的財政預算案

G. 依照法定程序任免各級法院法官

P.35
請將以下政府機構，分別歸類到政務、財政、律政三司所轄的機構當中：

A. 創新及科技局

B. 教育局

C. 律政司

D. 食物及衞生局

E. 發展局

F. 勞工及福利局

G. 選舉事務處

H. 旅遊事務署

I. 知識產權署

J. 香港海關

K. 康樂及文化事務署

答案：

政務司（BDFGJK）

財政司（AEHI）

律政司（C）

P.39

請判斷以下內容是否正確：

（1）立法會可以質詢政府的工作。

（2）立法會可以直接彈劾任免行政長官。

（3）行政長官對通過的法案有一票否決權。

（4）香港特區政府的稅收和公共開支需要得到立法會批准。

答案：

（1）對

（2）錯

（3）錯

（4）對

責任編輯：楊歌

封面設計：雨林

裝幀設計：雨林　龐雅美

排版：龐雅美　鄧佩儀

印務：劉漢舉

基本法 小小通識讀本 1

鍾煜華 編著

出版

中華教育

香港北角英皇道 499 號北角工業大廈 1 樓 B

電話：(852) 2137 2338　傳真：(852) 2713 8202

電子郵件：info@chunghwabook.com.hk

網址：http://www.chunghwabook.com.hk

發行

香港聯合書刊物流有限公司

香港新界荃灣德士古道 220-248 號　荃灣工業中心 16 樓

電話：(852) 2150 2100　傳真：(852) 2407 3062

電子郵件：info@suplogistics.com.hk

印刷

美雅印刷製本有限公司

香港觀塘榮業街 6 號海濱工業大廈 4 字樓 A 室

版次

2021 年 3 月第 1 版第 1 次印刷

©2021 中華教育

規格

16 開（230mm x 170mm）

ISBN

978-988-8676-75-0